Livre de coloriage géométrique en couleur

Coloriage relaxant avec contours en couleurs

Deltaspektri

Livre de coloriage géométrique en couleur :
Coloriage relaxant avec contours en couleurs

Deuxième édition

Sympsionics Design
Copyright © 2017 Päivi Halmekoski

Traduit en Français par Robin Thiébault à partir du document original
Colourful Geometry Colouring Book, 2017

Les enseignants sont autorisés à réaliser des copies papier des pages de leur livre pour un usage en salle de classe, et de projeter les instructions du livre sur un écran à l'aide d'appareils ne réalisant pas de copie électronique permanente. Toute autre forme de copie, copie numérique incluse, est strictement interdite.

Publié par
Deltaspektri
Espoo, Finlande

ISBN 978-952-7163-08-5

Table des matières

Coloriez..3
Images à colorier...5
Annexe : dessinez vos propres formes...................................41
Modèle..43

Coloriez

Partez pour un voyage géométrique relaxant et créatif en coloriant différentes formes symétriques. Si vous utilisez des stylos à encre, il est recommandé de placer un morceau de papier brouillon sous la page à colorier.

Dessinez vos propres formes

Vous pouvez créer vos propres formes en suivant les instructions données à l'annexe en pages 41–42.

Commencez par découper le modèle en page 43. Placez le modèle sous une feuille de papier et scotchez les quatre coins ensemble. Tenez le papier en l'air de manière à ce que la lumière passe à travers, devant une fenêtre par exemple. Choisissez l'un des cercles du modèle et marquez les points de ce cercle sur la feuille. Vous pouvez aussi choisir de marquer le centre. Retirez le modèle. Utilisez un crayon ou un stylo pour relier tous les points les uns aux autres ou quelques points seulement.

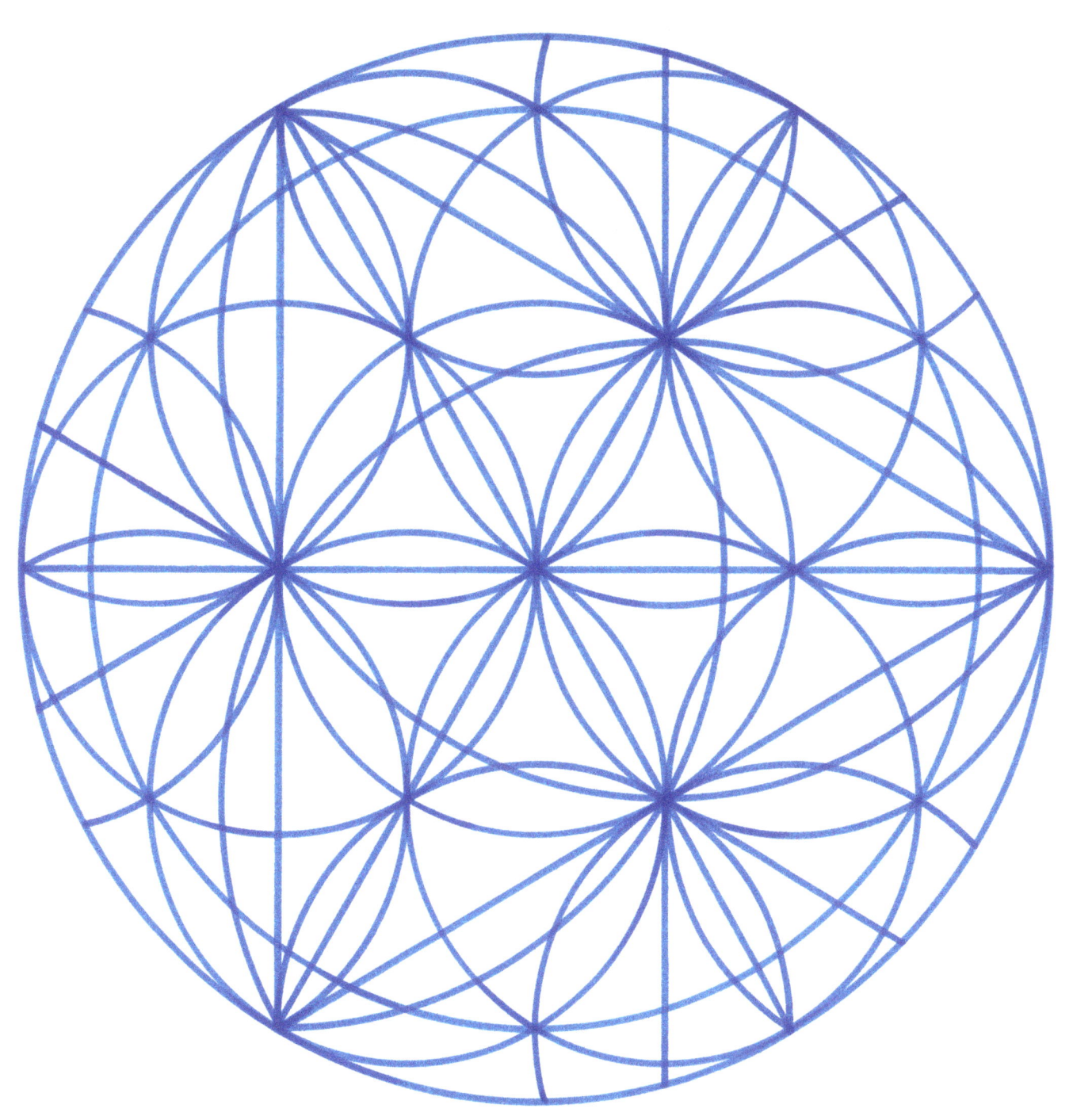

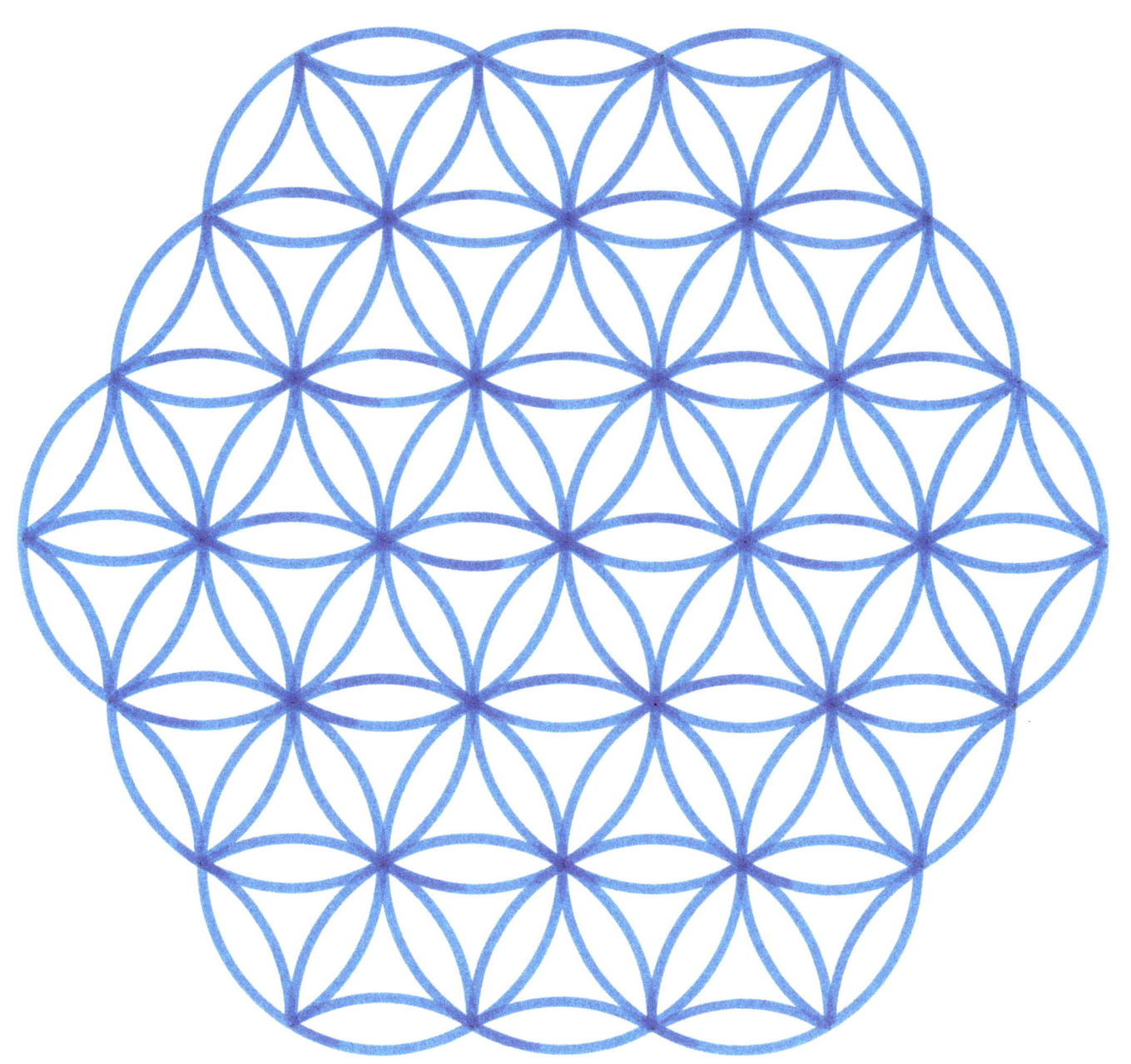

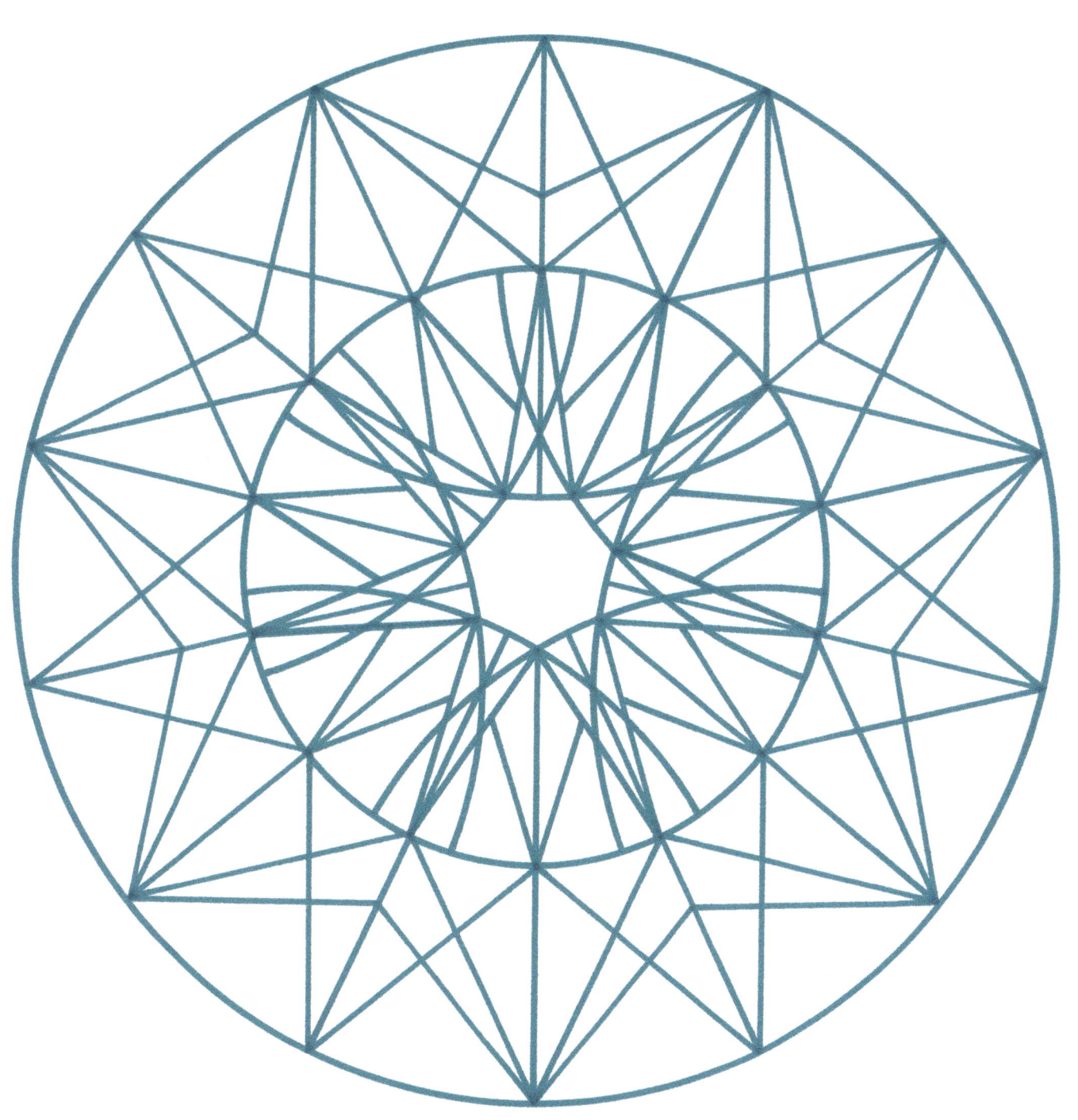

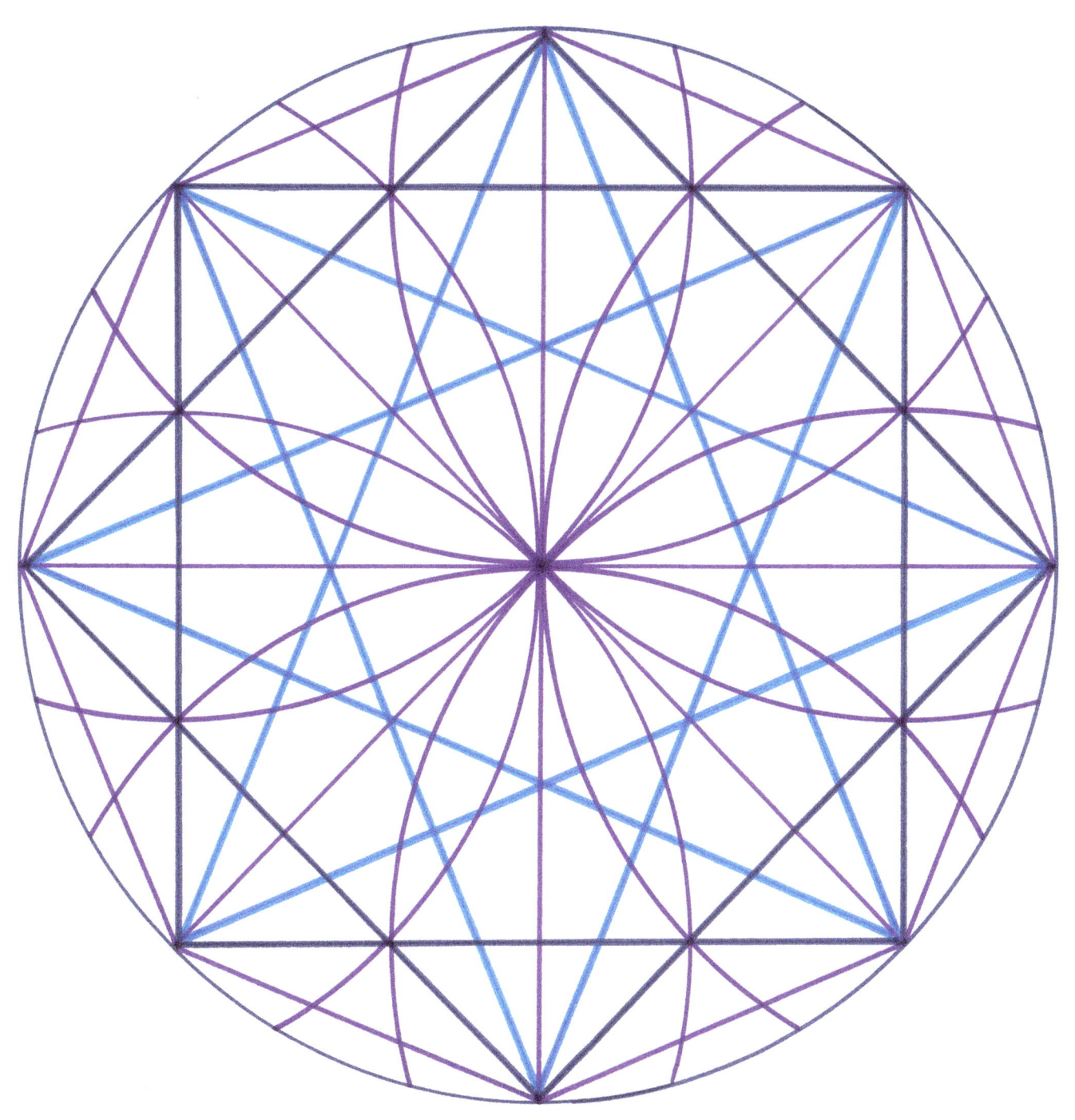

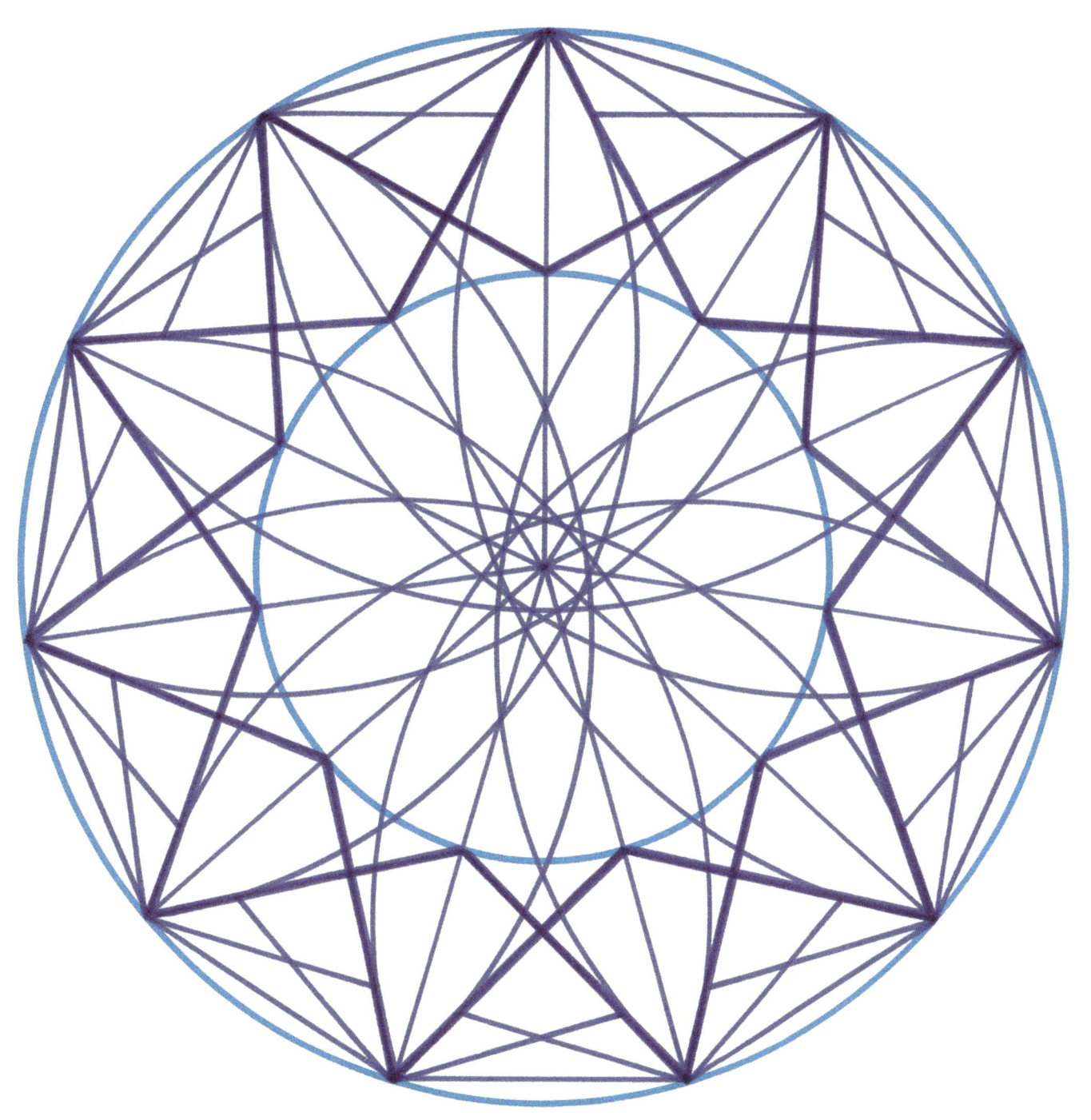

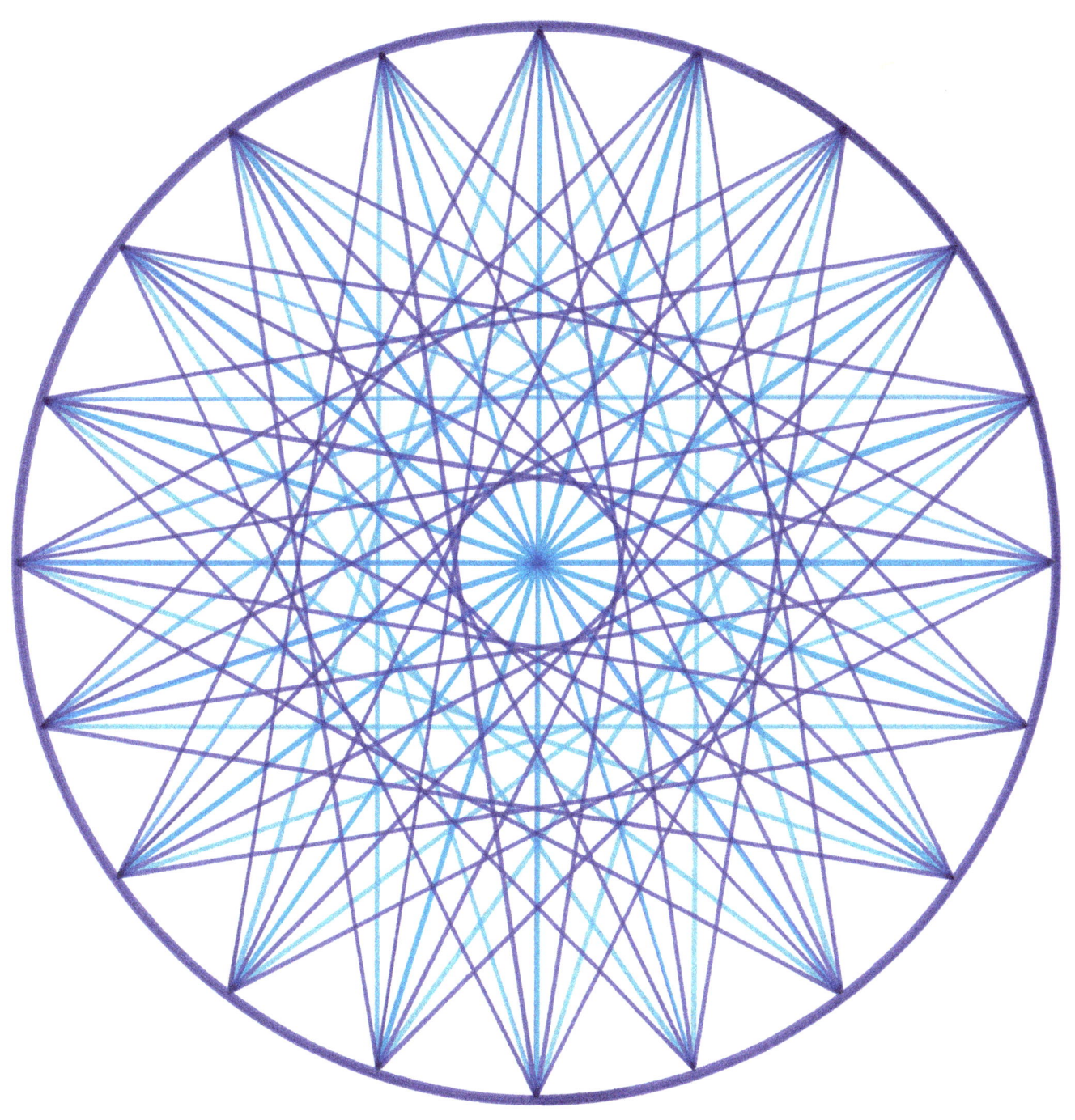

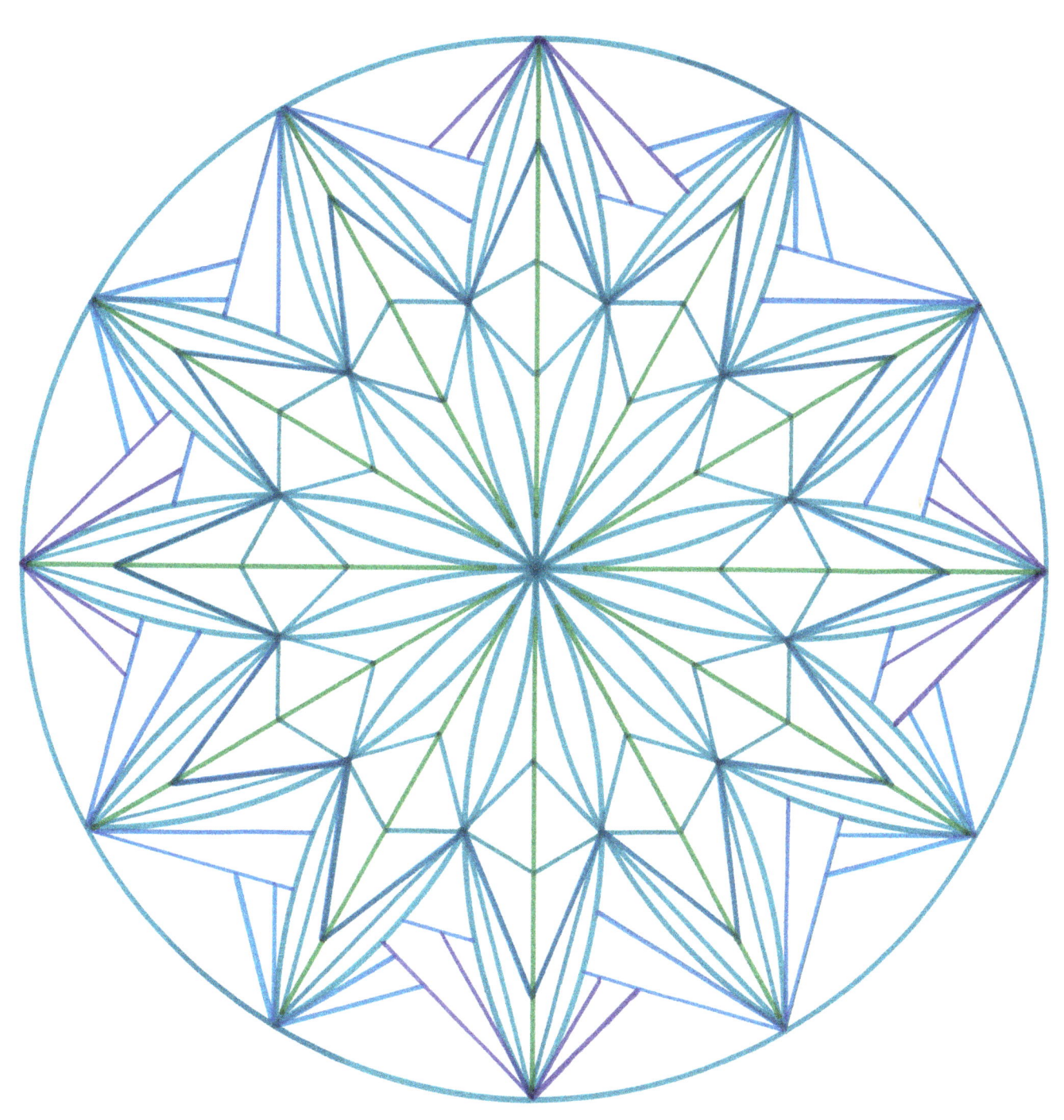

Annexe : dessinez vos propres formes

Commencez par lire les instructions en page 3.

Différentes façons de relier les points

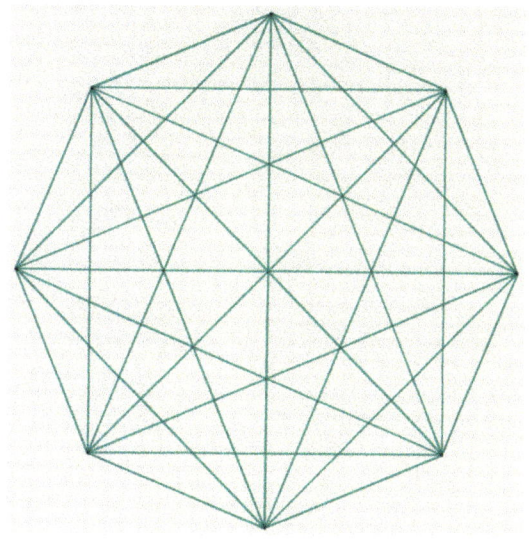

1. Reliez chaque point aux autres.

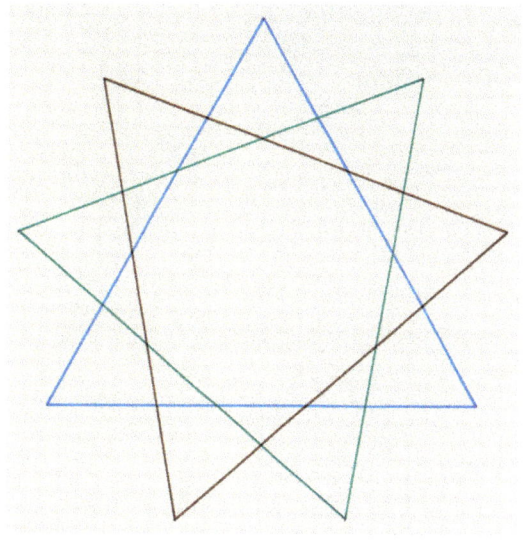

2. Reliez certains points entre eux.

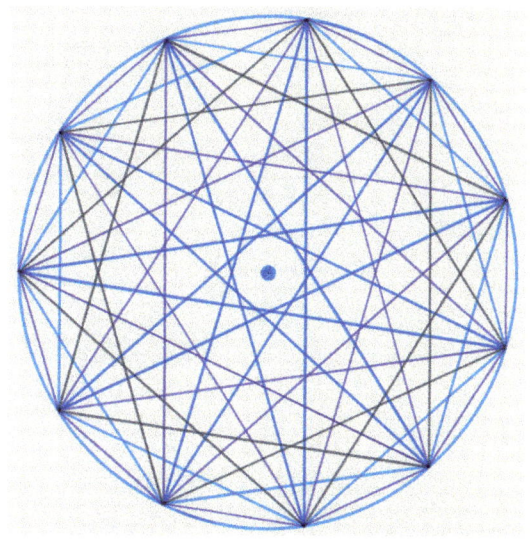

3. Marquez le centre du modèle et dessinez un cercle autour de l'image.

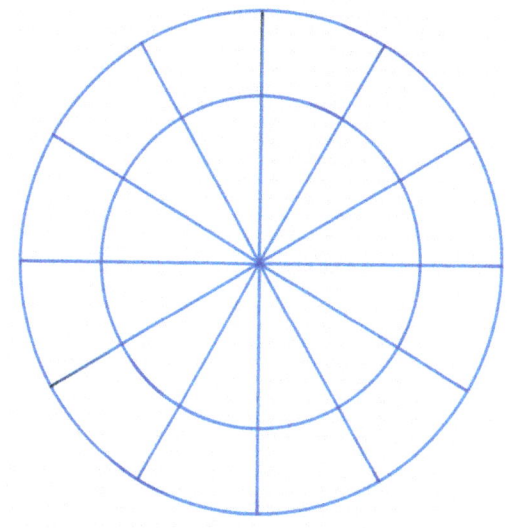

4a. Reliez les points au centre. Dessinez un second cercle.

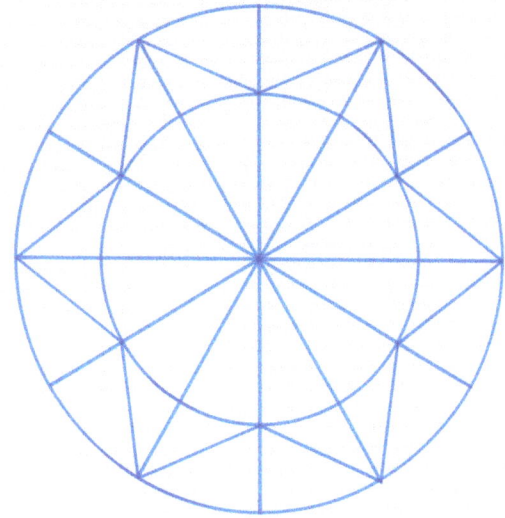

4b. Puis, reliez les points des deux cercles pour former une étoile.

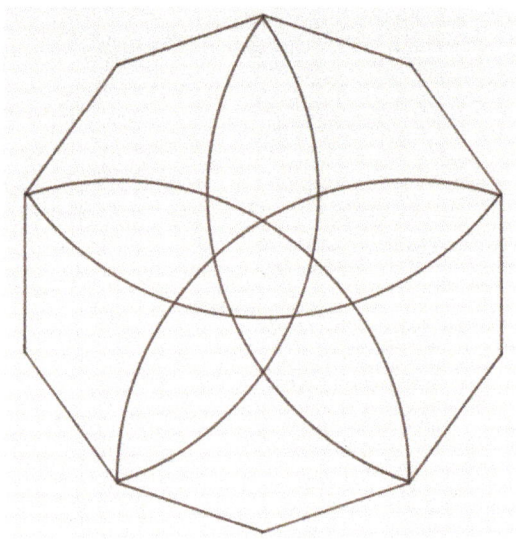

5. Utilisez un compas pour relier certains points. Placez le centre du compas sur l'un des points extérieurs.

6. Si vous utilisez le même rayon pour les arcs que pour le grand cercle, les arcs se croiseront au centre.

7. Dans cet exemple, le fond est en carton et les lignes de connexion ont été réalisées à l'aide d'une aiguille et de fil de coton.

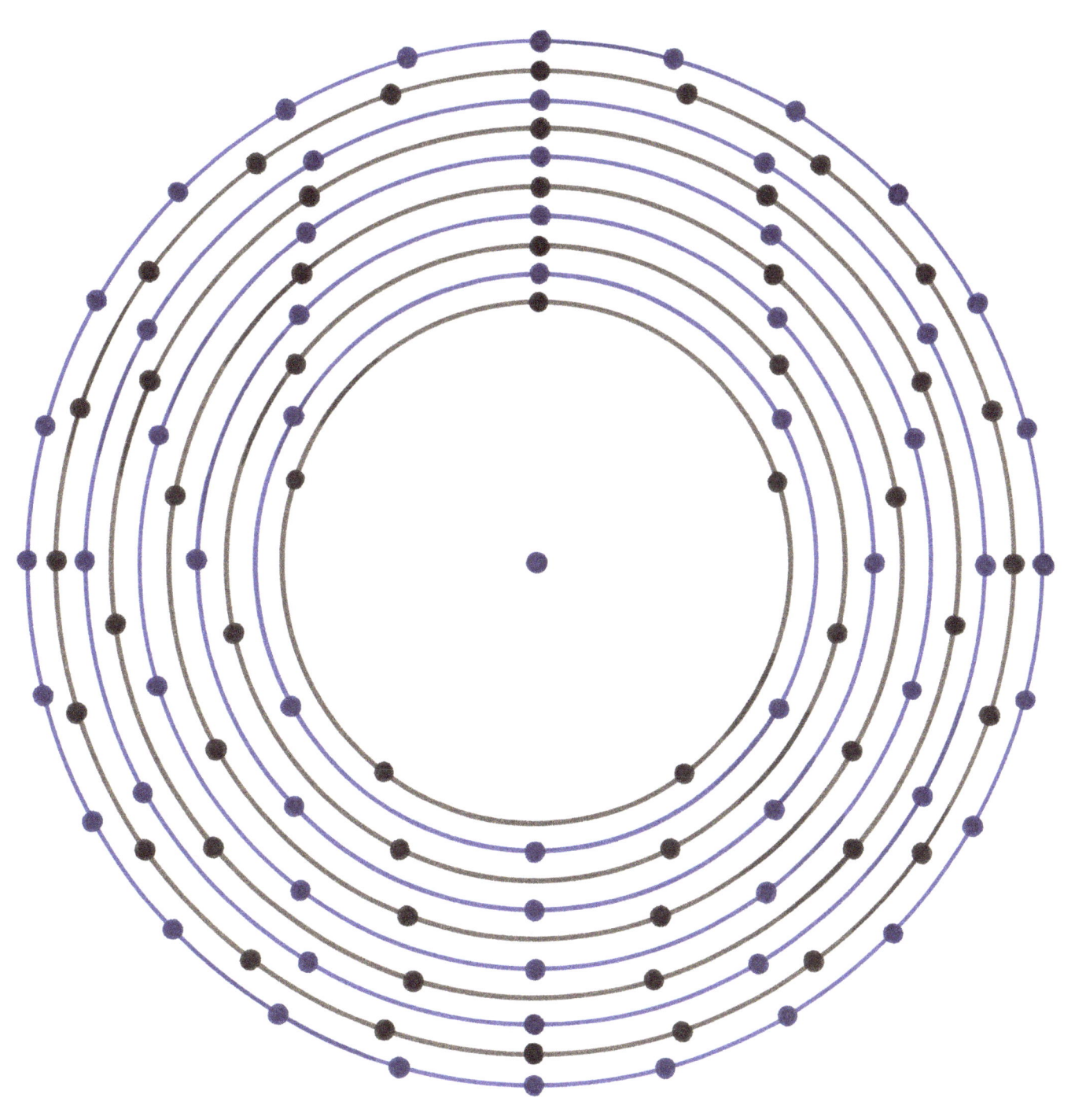